BEI GRIN MACHT SICH IHR
WISSEN BEZAHLT

- Wir veröffentlichen Ihre Hausarbeit,
  Bachelor- und Masterarbeit

- Ihr eigenes eBook und Buch -
  weltweit in allen wichtigen Shops

- Verdienen Sie an jedem Verkauf

Jetzt bei www.GRIN.com hochladen
und kostenlos publizieren

Marc Schweizer

Die Besonderheiten der Wertschöpfungskette der Film- und Fernsehwirtschaft

GRIN Verlag

Bibliografische Information der Deutschen Nationalbibliothek:

Die Deutsche Bibliothek verzeichnet diese Publikation in der Deutschen National-
bibliografie; detaillierte bibliografische Daten sind im Internet über http://dnb.d-
nb.de/ abrufbar.

Impressum:

Copyright © 2004 GRIN Verlag GmbH
Druck und Bindung: Books on Demand GmbH, Norderstedt Germany
ISBN: 978-3-638-77838-1

Dieses Buch bei GRIN:

http://www.grin.com/de/e-book/30082/die-besonderheiten-der-wertschoepfungs-
kette-der-film-und-fernsehwirtschaft

GRIN - Your knowledge has value

Der GRIN Verlag publiziert seit 1998 wissenschaftliche Arbeiten von Studenten, Hochschullehrern und anderen Akademikern als eBook und gedrucktes Buch. Die Verlagswebsite www.grin.com ist die ideale Plattform zur Veröffentlichung von Hausarbeiten, Abschlussarbeiten, wissenschaftlichen Aufsätzen, Dissertationen und Fachbüchern.

Besuchen Sie uns im Internet:

http://www.grin.com/

http://www.facebook.com/grincom

http://www.twitter.com/grin_com

Johann-Wolfgang-Goethe Universität

Frankfurt am Main

Proseminar

Wirtschaftsgeographie II

Die Besonderheiten der Wertschöpfungskette der Film- und Fernsehwirtschaft

Lehrstuhl für Wirtschafts- und Sozialgegraphie

August 2004

Verfasser:

Marc Schweizer

Studiengang Wirtschaftspädagogik

Inhaltsverzeichnis

Besonderheiten der Wertschöpfungskette der Film- und Fernsehwirtschaft

1   Einleitung

Im Laufe der vergangenen 20 Jahre hat die Film- und Fernsehwirtschaft in Deutschland einen starken Aufschwung erlebt, hauptsächlich verursacht durch die Zulassung privater Rundfunkanbieter und deren Expansion. Im Vergleich zu Unternehmen aus dem Industrie- und auch Dienstleistungsbereich, weist diese Branche jedoch einige Besonderheiten im Wertschöpfungsprozess auf. Diese Eigenheiten herauszustellen ist das Ziel dieser Arbeit. Dazu wird zunächst ein Überblick über die Film- und Fernsehwirtschaft gegeben, unterteilt in die Produktionswirtschaft, in der es um die Herstellung von Filmen und Sendungen geht (Kapitel 2.1), und die Fernsehindustrie, die sich aus den öffentlich-rechtlichen Rundfunkanstalten und den privaten Fernsehsendern zusammensetzt (Kapitel 2.2). Anschließend werden die Besonderheiten der Wertschöpfungskette untersucht, wobei lediglich die beiden Hauptstufen der Wertschöpfung, nämlich Produktion (Kapitel 3.1) und Distribution (Kapitel 3.2) analysiert werden, bevor ein kurzes Fazit die Arbeit abschließt.

2   Die Film- und Fernsehwirtschaft in Deutschland

2.1   Die Film- und Fernsehproduktionswirtschaft

Während der letzten beiden Jahrzehnte erlebte die Medienbranche in eine Phase starker Prosperation. Dennoch existieren beim statistischen Bundesamt keinerlei Daten, aus denen man die wirtschaftliche Bedeutung dieser Branche ablesen kann, da die entsprechende Statistik 1983 eingestellt wurde. Die in diesem Kapitel verwendeten Zahlen beruhen daher auf einer vom DIW erstellten Studie aus dem Jahr 2002, in der die Lage der Film- und Fernsehwirtschaft analysiert wurde[1]. Danach gab es im Jahr 2000 laut Umsatzsteuerstatistik 5.275 Steuerpflichtige im filmwirtschaftlichen Produktionsbereich, die einen Gesamtumsatz von 12,1 Mrd. DM erzielten. Die zahlenmäßig größte Gruppe an Betrieben (nämlich 70,8 %) waren dabei Klein- und Kleinstunternehmen mit weniger als 1 Mio. DM Jahresumsatz (siehe Abbildung 1), die Branche weist somit ein hohes Maß an Zersplitterung auf.

---

[1] Vgl. : DIW-Studie: Film- und Fernsehwirtschaft in Deutschland 2000/2001

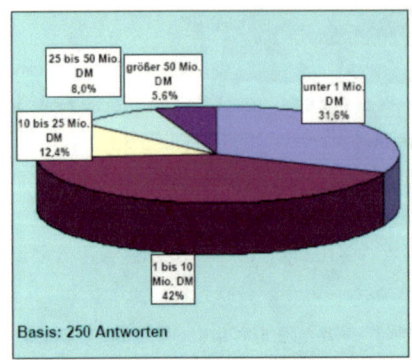 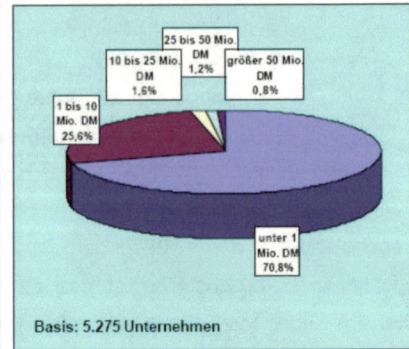

Abbildung 1: Größenklassenstruktur der filmwirtschaftlichen Produktionsunternehmen[2]

Der filmwirtschaftliche Produktionsbereich unterteilt sich dabei in zwei Bereiche: Film- und TV- Produzenten auf der einen Seite und technische Dienstleister (in Abbildung 2 als „übrige Produktionsunternehmen" bezeichnet) auf der anderen. Bei letzteren handelt es sich meist um Spezialanbieter für technisch anspruchsvolle Probleme, wie zum Beispiel Special Effects oder Computeranimationen. Die Anbieter solcher Dienstleistungen treten gegenüber den Produktionsunternehmen im engeren Sinn somit als Zulieferer auf, weshalb auf diese Firmen auch ein relativ zum Umsatz höherer Anteil an der Bruttowertschöpfung entfällt (siehe Abbildung 2) Bei dieser werden vom Umsatz nicht nur die Vorleistungen abgezogen, sondern auch die empfangenen staatlichen Fördermittel, die in der Film- und Fernsehwirtschaft eine durchaus relevante Größe darstellen (im Jahr 2000: 205 Mio. DM).

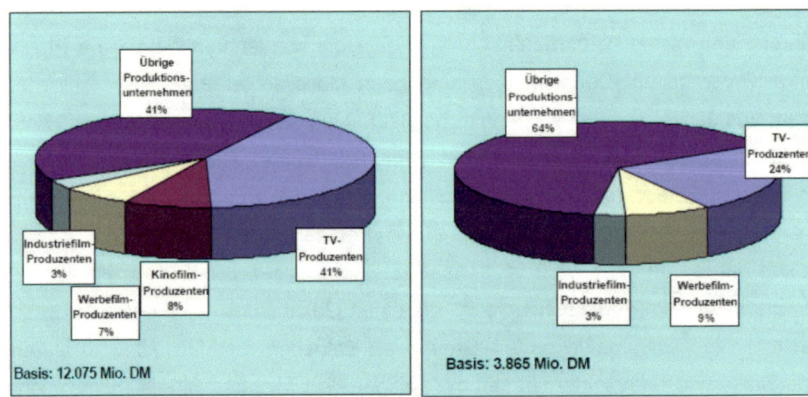

Abbildung 2: Umsatz und Bruttowertschöpfung filmwirtschaftlicher Produktionsbereiche[3]

---

[2]Übernommen aus: DIW-Studie: Film- und Fernsehwirtschaft in Deutschland 2000/2001, S. 6

Trotz des starken Wachstums der Branche ist das gesamtwirtschaftliche Gewicht der filmwirtschaftlichen Produktionsunternehmen immer noch überaus gering, denn mit 3,9 Mrd. DM Bruttowertschöpfung betrug ihr Anteil am BIP weniger als 0,1 %. Dementsprechend fällt auch die Zahl der Beschäftigten mit 38.700 eher niedrig aus, was etwa 1/3 aller Beschäftigten in der Film- und Rundfunkwirtschaft entspricht. Zu dieser Zahl kommen jedoch noch rund 50.000 projektgebundene freie Mitarbeiter hinzu, wozu auch das künstlerische Personal (z.b. Schauspieler) gezählt wird.

Eine Besonderheit der Branche ist die wirtschaftliche Abhängigkeit der zahlreichen größtenteils kleinen Produktionsunternehmen von den wenigen mächtigen Großunternehmen im TV-Bereich, der im Wesentlichen von den drei Veranstaltern Saban Capital (vormals Kirch, ProSiebenSat.1 Media AG), Bertelsmann (RTL Group) und den öffentlich-rechtlichen Rundfunkanstalten dominiert wird. Diese Abhängigkeit zeigt sich anhand von drei Indikatoren: den Kapitalbeteiligungen, der für die Produktionsfirmen ungünstigen Verteilung von Fernsehrechten und der hohen Bedeutung des wichtigsten Abnehmers.[4]

Insbesondere ARD und ZDF, aber auch private TV-Sender haben sich bei zahlreichen TV-Produzenten eingekauft und sich so Mehrheitsbeteiligungen oder Sperrminoritäten gesichert, insbesondere bei Unternehmen in der Größenklasse über 25 Mio. DM Jahresumsatz. Insgesamt bestehen bei etwa 1/3 aller filmwirtschaftlichen Produktionsunternehmen Kapitalverflechtungen mit TV-Veranstaltern.

Hinsichtlich der Besitzverhältnisse bei Verwertungsrechten stellt man fest, dass nur bei einem geringen Teil der Produktionen die Verwertungsrechte beim Produzenten liegen, wobei die unabhängigen Anbieter besser abschneiden als die Produktionsfirmen, die mit einem TV-Sender finanziell verflochten sind. Grund hierfür ist, dass sich die Fernsehsender als Auftraggeber vertraglich sämtliche Rechte sichern, um so von Zweitausstrahlungen bei anderen Programmanbietern zu profitieren. Tritt ein Sender gleichzeitig als Auftraggeber und Gesellschafter auf, lässt sich diese Abtretung der Ausstrahlungsrechte umso leichter durchsetzen. Diese finanziellen Mittel fehlen jedoch den Produktionsfirmen, um die branchentypischen Auftragsschwankungen zu überbrücken. Viele Unternehmen sind daher unterkapitalisiert was den Vorsitzenden des Bundesverband deutscher

---

[3]Übernommen aus: DIW-Studie: Film- und Fernsehwirtschaft in Deutschland 2000/2001, S. 8
[4] Vgl.: DIW-Studie: Film- und Fernsehwirtschaft in Deutschland 2000/2001, S. 11 - 16

Fernsehproduzenten dazu veranlasst, von der Politik Änderungen der gesetzlichen Rahmenbedingungen zu fordern.[5]

Die hohe Abhängigkeit der Produzenten von TV-Veranstaltern wird auch in der Bedeutung des wichtigsten Abnehmers deutlich. Der Umsatzanteil des wichtigsten Kunden liegt bei Fiktions-Produzenten, also Unternehmen die sich auf die Herstellung von TV-Filmen und Serien spezialisiert haben bei durchschnittlich knapp 50 %, 31 % aller Firmen hatten sogar nur einen Kunden als Abnehmer ihrer Produktionen. Bei Produzenten aus dem Non-Fiktion-Bereich (Dokumentationen, Game- und Talkshows) waren die drei wichtigsten Abnehmer für annähernd 75 % des Umsatzes verantwortlich.

2.2 Die Fernsehindustrie

Die Gesamtheit der verschiedenen Fernsehsender in Deutschland wird als Fernsehindustrie bezeichnet. Ein hervorstechendes Merkmal ist hierbei das in Deutschland praktizierte duale System, mit primär werbefinanzierten Privatanbietern (zugelassen seit 1982) und den öffentlich-rechtlichen Rundfunkanstalten, deren Haupteinnahmequelle nicht die Werbung sondern die über die GEZ eingezogenen Gebühren sind. Zu den öffentlich-rechtlichen Programmen zählen neben ARD, ZDF und den Dritten auch 3sat, arte, Phönix und der Kinderkanal. Der Markt der Privatanbieter wird durch die RTL Group, deren Hauptanteilseigner die Bertelsmann AG ist, mir ihren Sendern RTL, RTL2, SuperRTL, vox und n-tv, und die ProSiebenSat.1 Media AG, hinter der seit Juli 2003 die Saban Capital Group steht und zu der die Sender Sat.1, ProSieben, Kabel 1, N24 und Neun Live gehören, dominiert. Auf die verbleibenden Sender entfällt ein Marktanteil von lediglich 8 %, jedoch mit steigender Tendenz, wie Abbildung 3 zeigt. Abbildung 4 schlüsselt die Marktanteile nach einzelnen Sendern auf, auch hier zeigt sich eine hohe Konzentration: auf die fünf stärksten Anbieter entfallen über 65 % Marktanteil.

---

[5] Vgl.: www.dreharbeiten.de/download/dateien/T_0902_DIW_Studie.pdf (Stand:19.06.2004)

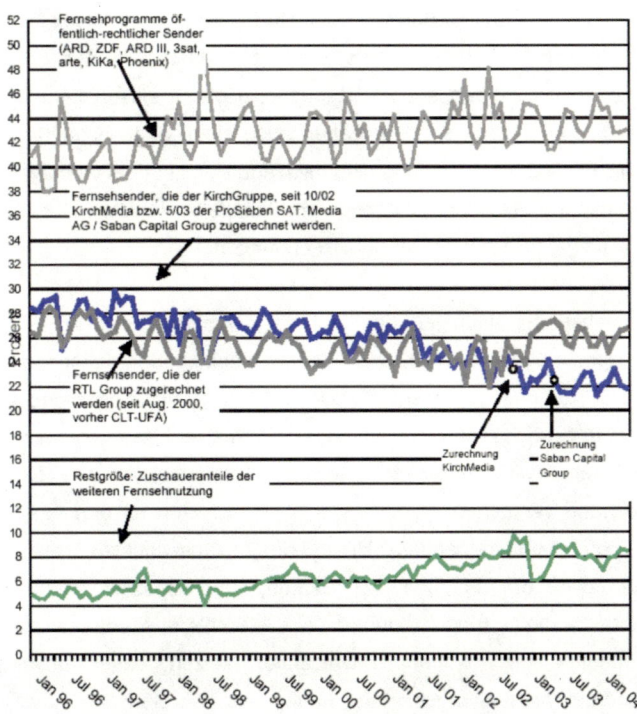

Abbildung 3: Zuschaueranteile der öffentlich-rechtlichen Rundfunkanstalten und der Fernsehsender, die der RTL Group oder der ProSiebenSAT.1 Media AG bzw. der Saban Capital Group zugerechnet werden.[6]

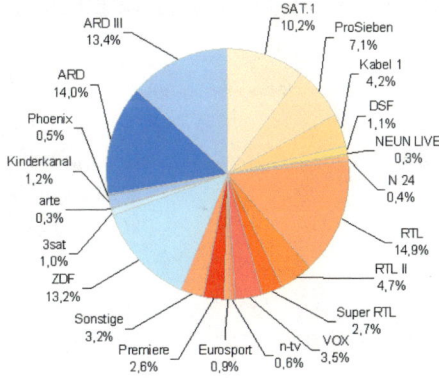

Abbildung 4: Zuschaueranteile für das Jahr 2003[7]

---

[6]Übernommen aus: http://www.kek-online.de/kek/medien/zuschauer/gruppen.pdf (Stand: 19.06.2004)
[7]Übernommen aus: http://www.kek-online.de/cgi-bin/esc/zuschauer.html (Stand: 19.06.2004)

Die öffentlich-rechtlichen Rundfunkanstalten sind verpflichtet, die im Rundfunkstaatsvertrag geregelten Bestimmungen, durch die ein unabhängiges Fernsehen garantiert werden soll, in besonderem Maße einzuhalten. Die Sender sollen nicht nur unterhalten, sondern haben auch einen Bildungsauftrag, was sich deutlich in der Programmausrichtung niederschlägt. Auch in der Hauptsendezeit liegt der Schwerpunkt auf aktuellen, politischen und kulturellen Inhalten, daneben gibt es aber auch Fernsehspiele, Sport- und Musiksendungen.[8]

Private Fernsehsender verfolgen das Ziel der Gewinnmaximierung und müssen neben den allgemeingültigen rechtlichen Rahmenbedingungen daher besonders die Richtlinien für Werbung beachten. Diese stellt die Haupteinnahmequelle für die Unternehmen dar, auch wenn sich verstärkt alternative Finanzierungsmodelle am Markt etablieren (wie beispielsweise die Telefonspiele bei Neun Live). Dementsprechend versuchen viele Sender, ihr Programm an den Interessen der Zielgruppe von werbetreibenden Unternehmen auszurichten, also auf die Altersgruppe zwischen 14 und 49 Jahren, und speziell deren Interesse anzusprechen, da hohe Einschaltquoten in dieser Gruppe automatisch auch zu hohen Werbeeinnahmen führen. Privatsender setzen daher besonders auf verschiedenartige Unterhaltungsformate, häufig aus den Bereichen Quiz, Comedy und Boulevard.[9]

3 Die Besonderheiten der Wertschöpfungskette

Die wesentlichen Bestandteile der Wertschöpfungskette in der Film- und Fernsehwirtschaft sind zum einen die Produktion, zum anderen die Distribution. Abbildung 5 zeigt die in der Filmwirtschaft typische Struktur.[10]

---

[8] vgl.: Knappe, Carolyn: Die deutsche Fernsehindustrie: Eine Analyse der Wettbewerbsstrategien vor dem Hintergrund zunehmender Digitalisierung von Medien, S. 7
[9] vgl.: Knappe, Carolyn: ebd. S. 9
[10] vgl.: DIW-Studie, S. 4

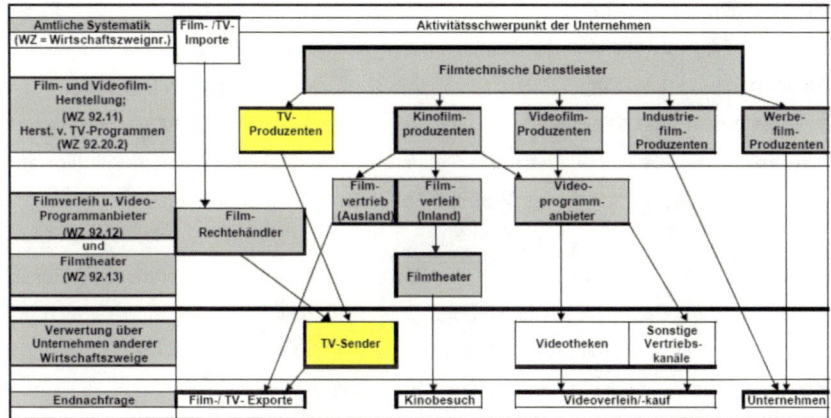

Abbildung 5: Struktur der Filmwirtschaft[11]

3.1 Besonderheiten der Produktion

Kennzeichnendes Merkmal für den Produktionsprozess von Fernsehformaten ist der Projektcharakter der einzelnen Produktionen. Bei der Herstellung eines Spielfilmes, einer Serie, einer Gameshow o.ä., kooperieren zahlreiche Anbieter unterschiedlicher Dienstleistungen für die begrenzte Dauer des Projekts, bis dieses beendet ist. Anschließend werden die Arbeitsgemeinschaften wieder aufgelöst und es entstehen bei nachfolgenden Projekten neue Verbindungen zwischen unterschiedlichen Produktionsunternehmen, es findet also ein steter Wechsel der Zusammenarbeit zwischen statt.

Der Produktionsprozess in der Filmindustrie kann nach Krätke in vier Teile untergliedert werden: Vorproduktion, Produktion, Nachproduktion sowie die Distribution an Fernsehsender oder Filmrechtehändler, wobei der letzte Punkt in dieser Arbeit dem Kapitel 3.2 zugeordnet wird.[12] Zur Vorproduktion gehören vorbereitende Maßnahmen, wie die Erstellung eines Drehbuchs, die Auswahl der Schauspieler, die Sicherstellung der Finanzierung und weitere vorbereitende Maßnahmen. Die Produktion umfasst den eigentlichen Dreh mit allen dafür notwendigen Beteiligten, neben den Schauspielern bzw. Moderatoren und

---

[11]Übernommen aus: DIW-Studie: Film- und Fernsehwirtschaft in Deutschland 2000/200, S. 4
[12] vgl.: Krätke, Stefan: Network Analysis of Production Clusters, S. 30

Studiogästen auch Kameraleute, Maskenbildner, Licht- und Tontechniker usw. In der Nachproduktion erfolgt die fernsehgerechte Aufbereitung des Materials, durch das Zusammenschneiden von Passagen, Einsetzen von Computeranimationen und Spezialeffekten oder dem Unterlegen mit Musik. Anschließend erfolgt der Vertrieb an TV-Kanäle oder (bei Spielfilmen entsprechender Qualität) an Filmrechtehändler zur Weitervertreibung an Kinos oder Veröffentlichung auf DVD und Video.

Anhand dieser Aufzählung wird deutlich, dass an der Produktion einer Fernsehsendung zahlreiche Akteure beteiligt sind, in aller Regel haben diese sich auf ihr jeweiliges Gebiet spezialisiert. Dieser Sachverhalt macht eine Herstellung in Form von Projekten notwendig, in denen genau jene Produktionsfirmen temporär zusammenkommen, die mit ihrem Spezialwissen zum Gelingen der Produktion notwendig sind. Diese Spezialisierung ist mit ein Grund für die hohe Anzahl an kleinen Unternehmen im Produktionsbereich. Die wechselnden Anforderungen bei den unterschiedlichen Fernsehformaten erfordert immer wieder neue Konstellationen in der Projektzusammenarbeit. Diese Zusammenarbeit erfolgt dabei nicht nur zwischen Anbietern unterschiedlicher Dienstleistungen (vertikale Kooperation); komplexe Problemen können auch die Kooperation von zwei konkurrierenden Firmen für die Dauer eines Projekts erforderlich machen (horizontale Kooperation). Dafür ist zwischen den einzelnen Produktionsfirmen jedoch räumliche Nähe von großem Vorteil, weshalb sich in Deutschland vier Medienzentren (Berlin, Köln, München und Hamburg) herausgebildet haben, in den sich Produktionsfirmen in großer Zahl ballen. In diesen vier Städten liegen Produktionscluster der Medienunternehmen vor, das heißt es herrschen regionale Verflechtungen, die neben der projektbezogenen auch informelle und innovationsbezogene Zusammenarbeit beinhalten.[13] Durch diese Zusammenarbeit herrschen zudem soziale Beziehungen zwischen den Mitgliedern des Netzwerks, was eine Atmosphäre des Vertrauens schafft, den Informationsaustausch fördert und Transaktionskosten senkt und daher auch als soziales Kapital bezeichnet wird.[14] Dieses Nebeneinander von Kooperation und Konkurrenz ist eine wichtige Vorraussetzung um die in der Medienbranche unerlässliche Innovationsdynamik und Kreativität zu fördern.[15] Daneben ist Unterstützung des Netzwerks von politischer Seite aus notwendig, beispielsweise

---

[13] vgl.: Gschwandtner-Andreß, Petra: Medienwirtschaft in Köln. Theoretische Erklärungsansätze und politische Bestimmungsfaktoren eines regionalen Produktionsclusters Medien, S. 4
[14] vgl.: Sydow, Jörg; Staber, Udo: The Institutional Embeddedness of Project Networks, S.216
[15] vgl.: Gschwandtner-Andreß, Petra: ebd. S. 22

durch die Einrichtung entsprechender Studiengänge oder ganzer Hochschulen, um so Nachschub an qualifiziertem Nachwuchs sicherzustellen, was gerade in einer Wachstumsbranche von Bedeutung ist. Durch die Vernetztheit von Produktionsfirmen und institutionellen Einrichtungen sind schnelle Kontakte zwischen etablierten Filmproduzenten und jungen, kreativen Talenten möglich, einschließlich deren Anwerbung.[16] Eine weitere Form der politischen Unterstützung ist die finanzielle Förderung der Filmwirtschaft über spezielle Stiftungen, wie dies in Nordrhein-Westfalen praktiziert wird. Die in Düsseldorf ansässige Filmstiftung NRW hat entscheidend zur positiven Entwicklung der Medienwirtschaft am Standort Köln beigetragen, wobei nicht nur die monetäre Unterstützung eine Rolle gespielt hat, sondern auch ihre Funktion als zentrale Anlaufstelle für Medientreibende und Informationspool zum Tragen kam. Ein solcher Informationspool stellt auch das Medienforum Köln dar, in dem sich führende Köpfe der Film- und Fernsehbranche zu einem Ideenaustausch treffen und dadurch neue Formate der Unterhaltung entwickelt werden (sollen).

Neben dem Projektcharakter der Produktionen sind die filmwirtschaftlichen Produktionsunternehmen außerdem häufig wechselnden Modetrends ausgesetzt. Während sich aktuell Quiz- und Justizsendungen einer hohen Beliebtheit erfreuen, waren es vor einiger Zeit noch Talk- und Castingshows. Diese Geschmacksänderungen führen zu schwankender Nachfrage und stellen die Unternehmen daher vor die Herausforderung, sich schnell auf die neue Situation einzustellen oder Durststrecken durch entsprechende Finanzpolster zu überbrücken (was angesichts deren Größe in aller Regel jedoch nicht möglich ist).

3.2 Besonderheiten der Distribution

Die Art und Weise der Distribution hängt in hohem Maße davon ab, welchen Zweck die Produktion hat und wer der Auftraggeber ist. Dabei ist zu Unterscheiden zwischen Fernsehfilmen bzw. –beiträgen und sonstigen Produktionen, wie Industrie- Werbe- oder Kinofilmen. Da ca. 90 % aller Produktionen der ersten Gruppe zuzurechnen sind, ist das Vorhandensein eines großen, zugkräftigen Fernsehsenders für ein Mediencluster von großer Bedeutung. Das Fehlen einer

---

[16] vgl.: Sydow, Jörg; Staber, Udo: ebd. S.221

finanzstarken TV-Anstalt, wie im Falle von Berlin/Babelsberg (RBB spielt im Verbund der ARD kaum eine Rolle), gilt im Gegenzug als echter Nachteil, hat jedoch andererseits dazu geführt, dass dieser Standort innerhalb Deutschlands die führende Rolle in der Kinofilmproduktion einnimmt.[17]

Bei der Distribution der Beiträge an TV-Anstalten gibt es unterschiedliche Wege. Nach Krüger kann bei Fernsehsendern zwischen sechs Arten der Programmbeschaffung unterschieden werden, denen Holtmann typische Programmformate zuordnet. Dabei hat der Sender um so mehr Einfluss auf die Produktion, je stärker er involviert ist[18]:

- Eigenproduktionen: redaktionelle Eigenleistung der TV-Anstalt, wie beispielsweise Nachrichtensendungen, investigative Magazine (wie frontal21, zdf.reporter, o.ä.) und Sportsendungen. Externe Produzenten sind bei dabei nicht beteiligt.
- Koproduktion: Zusammenarbeit des Senders mit weiteren Produzenten oder anderen Fernsehsendern.
- Auftragsproduktion: Unabhängige Produzenten erstellen im Auftrag des Programmveranstalters eine Sendung (deutsche TV-Movies, dt. Serien und Shows).
- Eigenproduktion mit Fremdmaterial: Von externen Produzenten erstelltes Material wird von der Redaktion des Fernsehsenders zu einer Sendung zusammengestellt (z.B. Musiksendungen aus Videoclips (Viva, MTV)).
- Übernahme: Eine Sendung wird von einem anderen Sender produziert und mit diesem zeitgleich ausgestrahlt (z.B. Eurovision)
- Kaufproduktion: Die TV-Anstalt kauft am Markt einen unabhängig erstellten Programmbeitrag (typischerweise (ausländische) Serien und Filme)

Bei der Produktion von Kinofilmen (nach Krüger: Kaufproduktionen) besteht ein mehrstufiger Verwertungsprozess, d.h. der Film wird nacheinander auf unterschiedliche Art und Weise vermarktet (siehe Tabelle 1), zunächst im Kino, sechs Monate später in Videotheken und als Kaufvideo/-DVD, weitere sechs Monate später im Pay-TV und nach einer nochmaligen Verzögerung von 1 bis 2 Jahren im

---

[17] vgl.: Krätke, Stefan: ebd. S. 33
[18] vgl.: Holtmann, Klaus: Programmbeschaffung und –entwicklung werbefinanzierter TV-Programmanbieter aus der Perspektive der Programmplanung, S.8-9

10

Free-TV (man spricht dabei von „Profit Windows").[19] Dieser Prozess verschiebt sich nochmals nach hinten, falls es sich um einen ausländischen Film handelt, der über Filmrechtehändler importiert wird. Die zeitliche Abfolge der Vermarktung ist darauf zurückzuführen, dass auf jeder Stufe versucht wird, ein Höchstmaß an Profit abzuschöpfen, d.h. das Profit Window wird solange offen gehalten, bis sich die Konsumenten mit hoher Zahlungsbereitschaft eingedeckt haben, es handelt sich also um Preisdifferenzierung 3. Grades.[20]

Verwertungsstufe	Monate nach der US-Kino-Premiere
US-Kinoaufführung	0 - 4
Internationale Kinoaufführung	4 - 18
US Heim-Video/ -DVD Verwertung	6 - 30
Internationale Heim-Video / -DVD Verwertung	9 - 24
US Pay-TV	12 - 36
US Free-TV	36 - 60
Internationale Fersehverwertung	48 - 60
Wiederholungen (USA und Int.)	66 - 72 +
Syndizierung in lokalen US-TV-Märkten	72 +

Tabelle 1: Zeitliche Abfolge der einzelnen Verwertungsstufen eines US-Spielfilms[21]

Das Fernsehen stellt in allen Fällen jedoch die letzte Verwertungsstufe dar (mit Ausnahme von Filmen des Disney-Konzerns, der grundsätzlich auf die Vermarktung im Fernsehen verzichtet und dafür den gleichen Filme mit zeitlichen Abständen immer wieder im Kino ausstrahlt). Die einzelnen Sender müssen nun ihrerseits das Programm sowohl an werbetreibende Unternehmen vermarkten, als auch für den Zuschauer möglichst interessant gestalten um durch hohe Einschaltquoten auch hohe Werbeeinnahmen erzielen zu können. Dies stellt für die Sender jedoch ein Teufelskreis dar, da erst hohe Werbeerlöse die Finanzierung eines hochwertigen Programms (und damit hohe Zuschauerzahlen) ermöglichen und umgekehrt ein hochwertiges Programm Voraussetzung für hohe Werbeerlöse ist. Dies zeigt sich auch in der positiven Korrelation zwischen Programmkosten, Zuschauerzahlen und Tausender-Kontakte-Preis.[22] Als Folge daraus ergibt sich, dass heutzutage ein erfolgreicher Zutritt zum deutschen Fernsehmarkt nur noch mit einem sehr hohen finanziellen Einsatz, wie ihn nur ein multinationaler Medienkonzern zu erbringen in

---

[19] vgl.: Holtmann, Klaus: ebd. S. 27
[20] Natürlich sind DVDs auch noch nach einer Fernsehausstrahlung käuflich zu erwerben, allerdings zu einem niedrigeren Preis. Das vorgeschaltete Profit Window wird also nicht geschlossen, es tritt vielmehr ein weiteres „Erlösfenster" hinzu
[21] übernommen aus: Holtmann, Klaus, ebd. S. 27
[22] vgl.: Knappe, Carolyn: ebd. S. 19

11

der Lage ist, oder durch innovative Programm- und Finanzierungskonzepte (wie beispielsweise bei Neun Live) sichergestellt werden kann.

4 Fazit

Betrachtet man die Film- und Fernsehwirtschaft, fallen einige Besonderheiten auf. Zunächst ist das ungleiche Kräfteverhältnis zwischen den filmwirtschaftlichen Produktionsfirmen auf der einen, und den Fernsehanstalten als Kunden auf der anderen Seite zu nennen, wodurch die wirtschaftliche und rechtliche Situation der Produzenten geschwächt wird. Weiterhin liegt in der deutschen Fernsehindustrie ein Oligopol vor, indem drei Anbieter nahezu den gesamten Markt beherrschen. Bei der Erstellung von Fernsehbeiträgen sticht insbesondere der Projektcharakter hervor, der zu immer neuen Firmen-Konstellationen in der Zusammenarbeit führt und damit auch ein entscheidender Faktor in der Heranbildung eines Medienclusters ist. In der Distribution wird nochmals die hohe Bedeutung von Fernsehsendern deutlich, da für die meisten Produktionen die TV-Anstalten die Abnehmer sind, die sowohl als Eigen- oder Koproduzent als auch als Auftraggeber in Erscheinung treten können. Bei Kinofilmen fällt der mehrstufigen Verwertungsprozess auf, in dem für dasselbe Produkt mehrfach Profit abgeschöpft wird. Insgesamt weist die Branche also eine Vielzahl von Besonderheiten auf, die sowohl aus ökonomischer Sicht, als auch aus wirtschaftsgeographischer Sicht interessant sind.

Quellenverzeichnis

DIW:

Film- und Fernsehwirtschaft in Deutschland 2000/2001. Berlin, Juli 2002

Gschwandtner-Andreß, Petra:

Medienwirtschaft in Köln. Theoretische Erklärungsansätze und politische Bestimmungsfaktoren eines regionalen Produktionsclusters Medien, Arbeitspapiere des Instituts für Rundfunkökonomie an der Universität zu Köln, Heft 116, Juli 1999

Holtmann, Klaus:

Programmbeschaffung und –entwicklung werbefinanzierter TV-Programmanbieter aus der Perspektive der Programmplanung. Arbeitspapiere des Instituts für Rundfunkökonomie an der Universität zu Köln, Heft 106, November 1998.

Knappe, Carolyn:

Die deutsche Fernsehindustrie: Eine Analyse der Wettbewerbsstrategien vor dem Hintergrund zunehmender Digitalisierung von Medien. Arbeitspapiere des Instituts für Rundfunkökonomie an der Universität zu Köln, Heft 179, Dezember 2003

Krätke, Stefan:

Network Analysis of Production Clusters: The Potsdam/Babelsberg film industry as an example, erschienen in: European Planning Studies 10(1), S. 27-54, 2002

Sydow, Jörg; Staber, Udo:

The Institutional Embeddedness of Project Networks: The case of content production in German television, erschienen in: Regional Studies36(3), S. 215-227, 2002

Internetseiten:

www.dreharbeiten.de/download/dateien/T_0902_DIW_Studie.pdf (besucht am 19.06.2004)

www.kek-online.de/cgi-bin/esc/zuschauer.html#Diagramm (besucht am 19.06.2004)